DÉPÔT

E. MARRE

..SSEUR DÉPARTEMENTAL D'AGRICULTURE DE L'AVEYRON

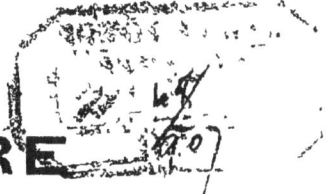

CULTURE

DE LA

POMME DE TERRE

(REVUE ÉTRANGÈRE)

Recherches sur la pomme de terre et sa culture

faites au Canada par **M. W. T. Macoun**,

horticulteur de la Ferme expérimentale centrale d'Ottawa

(Canada).

RODEZ

IMPRIMERIE E. CARRÈRE

1907

CULTURE DE LA POMME DE TERRE

(REVUE ÉTRANGÈRE)

E. MARRE

PROFESSEUR DÉPARTEMENTAL D'AGRICULTURE DE L'AVEYRON

CULTURE

DE LA

POMME DE TERRE

(REVUE ÉTRANGÈRE)

Recherches sur la pomme de terre et sa culture

faites au Canada par **M. W. T.** Macoun,

horticulteur de la Ferme expérimentale centrale d'Ottawa

(Canada).

RODEZ

IMPRIMERIE E. CARRÈRE

1907

Culture de la Pomme de Terre

(REVUE ÉTRANGÈRE)

Recherches sur la pomme de terre et sa culture faites au Canada par M W. T. Macoun, horticulteur de la Ferme expérimentale centrale d'Ottawa (Canada).

Chaque année, depuis 18 ans, le Ministère de l'Agriculture du Canada publie, dans un volume de 500 pages et dans des *Bulletins annexes*, les rapports du *Directeur* et des divers agents *(agriculteur, horticulteur, chimiste, entomologiste et botaniste, expérimentateur, régisseur de la basse-cour, etc.)* des *Fermes expérimentales* de ce pays.

Ces fonctionnaires condensent, sous une forme concise, les innombrables résultats théoriques et pratiques obtenus en agriculture, en horticulture, en arboriculture, en élevage dans les champs, les vergers, les plantations, les étables, les laiteries, les basse-cours, les ruches des différentes *Fermes expérimentales* ; ils font connaître les résultats obtenus dans la sélection des semences et des animaux domestiques et dans la lutte contre les parasites animaux et végétaux des récoltes.

Ces rapports nourris de faits et d'observations pratiques sont ensuite adressés franco à tous les cultivateurs qui en font la demande et sont de plus en plus appréciés de ceux-ci : soixante mille exemplaires, si nos souvenirs sont bien exacts, ont été distribués, en une seule année, d'après l'un des derniers rapports. En outre, plus de soixante tonnes de semences sont distribuées chaque année en petits lots, à ces mêmes cultivateurs qui deviennent ainsi des collaborateurs très efficaces des fermes expérimentales et contribuent à répandre le progrès dans les parties les plus reculées du pays.

La culture de la pommè de terre étant de première importance dans le *Ségala*, il nous a paru intéressant de résumer, pour les lecteurs du « *Cultivateur*», les conclusions pratiques du Bulletin nº 49 (Avril 1905) dont les 50 pages sont consacrées par son auteur, M. W. T. Macoun, horticulteur de la ferme expérimentale centrale d'Ottawa, à « *La pomme de terre (patate) et sa culture avec listes des variétés les plus utiles.* »

Après avoir constaté que la pomme de terre est un des produits alimentaires les plus importants du Canada et célébré comme il convient les mérites de cette plante, l'auteur constate que les méthodes de culture peuvent être considérablement améliorées ; ses conseils sont basés sur 17 ans d'expériences à la Ferme expérimentale centrale et aussi sur les observations de divers autres expérimentateurs.

Il donne une idée comparative de la production de la pomme de terre dans les pays d'Europe et d'Amérique, les plus grands producteurs.

Evaluation de	Pays.	Boisseaux (1).
1902	Allemagne	1.596.518.586.
1902	Russie	1.008.721.619.
1901	Autriche	436.986.819.
1904	Etats-Unis	332.830.300.
1901	France	236.469.441.
1904	Grande-Bretagne et Irlande	232.596.821.
1901	Hongrie	178.158.782.
1901	Canada	55.362.635.

(1) Nous donnons ci-dessous, l'évaluation des mesures anglaises dont il sera question dans ce travail :

L'*Acre*	=	40 ares 467.
Le *boisseau*	=	36 litres 347.
Le *gallon*	=	4 litres 543.
La *livre*	=	453 grammes 544.
L'*once*	=	28 grammes 338.
Le *pouce*	=	25 millimètres.

La raison de cette immense production est le fait que l'on a trouvé dans la pomme de terre un des aliments les plus économiques... Comme elle n'a pas de saveur prononcée, il y a peu de personnes qui ne l'aiment pas et, pour la même raison, c'est une nourriture dont peu se fatiguent ; en cela elle ressemble beaucoup au pain... En Canada, on fait de la pomme de terre un usage presque aussi général que du pain et, de même que le pain, le riche l'estime autant que le pauvre. Outre sa valeur alimentaire directe, on emploie la pomme de terre en grandes quantités pour la production de la fécule, du glucose, de l'alcool.

Elle réussit bien dans toutes les régions du Canada où la saison est assez longue pour que les tubercules se développent avant les gelées. Il n'y a pas de plante agricole qui rémunère une culture bien faite au même degré que la pomme de terre ; il n'y en a pas dont le produit puisse être autant augmenté par le travail d'une seule saison.

Le rendement moyen par acre a été, en 1901, pour l'ensemble du Canada de 123 boisseaux et de 400 à 500 boisseaux chez les meilleurs cultivateurs. A la Ferme expérimentale centrale, le rendement le plus élevé a été de 772 boisseaux et des essais faits en petit sur un vingtième d'acre ont élevé le rendement de l'acre jusqu'à 1061 boisseaux Bien que des rendements aussi élevés ne soient pas susceptibles d'être atteints dans la culture en plein champ, ils indiquent néanmoins qu'il y a d'importants progrès à réaliser dans cette production.

Les essais entrepris à la Ferme expérimentale centrale d'Ottawa ont commencé en 1887 et ont porté sur l'essai comparatif de 843 variétés dont 560 variétés nommées de provenances diverses et, en particulier, de provenance allemande et 283 variétés de semis obtenus à la ferme. Il a été fait, en outre, des essais sur : la plantation

de tubercules entiers ou diversement tronçonnés ; l'espacement des plantons : la date de la
plantation ; la culture à plat comparée à la culture en buttes ; le traitement des parasites végétaux et animaux ; les engrais. Enfin, de 1891 à
1904, il a été expédié 65.832 échantillons de 3
livres chacun à des cultivateurs dispersés dans
toutes les parties du Canada.

VARIÉTÉS

L'auteur donne quelques renseignements
historiques sur lesquels nous passerons rapidement et desquels il résulte que la pomme de
terre est originaire de l'Amérique du Sud et
qu'elle fut introduite en 1585 ou 1586 en Irlande,
puis, de là, en Angleterre.

Après avoir signalé les innombrables caractères qui différencient les variétés et la préfé-
rence des Canadiens pour les pommes de terre à
chair blanche tombant en farine lorsqu'elles sont
cuites, l'auteur étudie les trois façons différentes
d'obtenir des variétés nouvelles :

1° Par *semis* : Au printemps, on sème dans
une serre ou sur couche, comme des graines de
tomates, des graines recueillies en automne sur
des fruits mûrs et, lorsque les jeunes plantes
sont assez fortes, on les repique dans des pots,
puis en pleine terre où on les cultive comme les
plantes ordinaires. Parmi les tubercules produits par ces plantes et dont la taille varie de la
grosseur d'une noisette à celle d'un œuf de poule,
on choisit, à l'automne, les plus uniformes et
ceux qui répondent le mieux aux qualités re-
cherchées et on rejette les autres. On agit de
même à la 2ᵉ et à la 3ᵉ récolte et, dès la 3ᵉ ou 4ᵉ
année, on est fixé sur la valeur de la nouvelle
variété qui est fixée.

Sur 283 variétés de semis essayées à Ottowa
depuis 1888, aucune n'a été jugée aussi méritante

que celles déjà nommées, existant dans le commerce, étudiées comparativement ; toutes étaient trop peu productives. Il y aurait intérêt à rechercher, pour les semis, les graines des variétés les plus fertiles ; malheureusement. à mesure que la capacité de produire des tubercules augmente, la faculté de produire des graines diminue, de sorte qu'il est difficile de trouver des graines des meilleures variétés, des plus fertiles aussi bien que des plus hàtives. L'auteur décrit en détail, d'après Knight, un procédé pour obtenir des graines sur les variétés améliorées qui n'en produisent pas et qui consiste à supprimer, de bonne heure, les rhizomes d'où proviennent les tubercules.

2° Par *croisement* : le pollen de pomme de terre étant très difficile à obtenir, c'est, presque toujours, à une pollinisation naturelle que l'on a recours pour obtenir la fécondation de la plante mère.

3° Par *variation de bourgeon* ou « *lusus* » : Le tubercule de la pomme de terre est une tige souterraine renflée qui peut présenter des variations tout comme une autre tige aérienne.

Lorsqu'une variété a été produite par l'un des trois procédés ci-dessus, on peut la transformer encore par la *sélection* et obtenir des modifications dans le rendement, la hàtivité, la forme des yeux et des tubercules. Pour sélectionner, on choisit, au moment de l'arrachage, le meilleur des tubercules de la touffe la plus productive ou la plus exempte de maladie, ou présentant tout autre caractère recherché. Ce meilleur tubercule est planté à part, à la saison suivante et on continue la sélection, jusqu'à ce que les caractères désirés paraissent fixés.

VARIÉTÉS LES PLUS PRODUCTIVES. — Depuis 1887, les 560 variétés nommées, citées plus haut, ont été essayées côte à côte dans des conditions aussi uniformes que possible. Après essais re-

nouvelés, les variétés qui n'ont pas donné satisfaction au point de vue du rendement, de la
forme ou de la qualité ont été abandonnées. Le
tableau (A) suivant donne une liste des 12 variétés
qui, sur un nombre moyen de 110 essayées an-
nuellement, ont, dans les cinq dernières années,
1900 à 1904 donné les rendements moyens les
plus élevés. Pendant ces cinq années, le rendement moyen par acre de la variété la plus productive de chaque année a été de 596 boisseaux
12 livres et celui de la variété la moins productive de 135 boisseaux 58 livres, soit une différence, entre les deux de 460 boisseaux, 12 livres.

Ce tableau donne lieu aux observations suivantes : 1° Aucune de ces variétés n'est hâtive ;
lorsqu'elles ont reçu des pulvérisations, ce sont
presque toujours les variétés de mi-saison ou
tardives qui donnent le plus. 2° Sur les 12 variétés les plus productives, 7 sont aussi du
nombre des plus résistantes à la maladie. 3° Sur
les 12, une seule, la Dr Maerker, est d'origine
européenne bien qu'il en eût été essayé un grand
nombre venant d'Europe ou de la Grande-Bre-
tagne ; cela tient sans doute à ce que la saison
est trop courte, au Canada, pour la plupart de
ces variétés.

En dehors de ces douze variétés, l'auteur men-
tionne comme les suivant de près : *Uncle Sam,
Vermont Gold Coin, Dooley, et Morgan's Seedling*.

VARIÉTÉS HATIVES LES PLUS PRODUCTIVES. — Le
tableau (B) ci-après donne la liste des six variétés hâtives qui, pendant la même période de cinq
années, ont donné le meilleur rendement moyen.

L'*Early rose*, l'une des variétés les mieux con-
nues parmi les anciennes hâtives, et, connu
aussi en France, s'est montrée moins fertile et
n'a donné, par acre, que 345 boisseaux, 24 livres. A citer, parmi les variétés hâtives dont le
rendement s'est le plus approché de celui des
variétés citées ci-dessus : *Early Norther, Burpee*

TABLEAU A. — *Douze variétés de pommes de terre les plus productives*

Nᵒˢ	VARIÉTÉS	Années d'essai.	SAISON	FORME et COULEUR du tubercule	QUALITÉ	RENDEMENT par acre	
						boisseaux	livres
1	Dʳ Maerker.	6	Très tardive.	Rond blanc.	Moy. à bonne.	496	19
2	Late Puritan.	11	Tardive.	Long blanc.	Bonne.	485	19
3	Burnaby Mammoth.	12	Mi-saison.	Long rose et blanc.	Id.	483	34
4	Money Maker.	10	Id.	Long blanc.	Id.	482	41
5	Carman nᵒ 1.	10	Id.	Rond blanc.	Id.	459	48
6	Dreer's Standard.	11	Tardive.	Rond blanc.	Id.	458	55
7	Sabean's Elephant.	10	Id.	Long blanc.	Id.	454	58
8	Canadian Beauty.	7	Mi-saison.	Long rose et blanc.	Id.	452	46
9	Rural Blusch.	16	Tardive.	Rond rose.	Id.	437	48
10	I. X. L.	12	Mi-saison.	Long rose et blanc.	Id.	433	50
11	Pearce.	5	Id.	Long rose et blanc.	Id.	433	34
12	Clay Rose.	10	Tardive.	Rond rose.	Moyenne.	432	58

TABLEAU B. — *Six variétés hâtives les plus productives.*

N°°	VARIÉTÉS	Années d'essai	SAISON	FORME et COULEUR des tubercules	QUALITÉ	RENDEMENT par acre	
						boisseaux	livres
1	Irisch Cobber.	8	Hâtive.	Rond blanc.	Bonne.	432	5
2	Early Elkinah.	5	Id.	Long rose.	Id.	416	14
3	Vick's Extra Early.	13	Id.	Long rose et blanc.	Id.	412	17
4	Rochester Rose.	10	Extra-hâtive.	Long rose.	Id.	409	53
5	Reever Rose.	8	Hâtive.	Oblong rose.	Id.	401	17
6	Rawdon Rose.	8	Id.	Oblong blanc.	Id.	383	41

TABLEAU C. — *Douze variétés de pommes de terre les plus exemptes de maladie.*

Nᵒˢ	VARIÉTÉS	SAISON	Années d'essai	COTE de résistance	TUBERCULES	QUALITÉS	RENDEMENT moyen par acre	
							Boisseaux	livres
1	Dʳ Maerker.	Très tardive.	6	10	Rond blanc.	Moyenne.	496	19
2	Late Puritan,	Tardive.	11	8	Long blanc.	Bonne.	485	19
3	Burnaby Mammoth.	Mi-saison.	12	8	Long rose et blanc.	Id.	483	34
4	Carman nᵒ 1.	Id.	10	8	Rond blanc.	Id.	459	48
5	Dreer's Standard.	Tardive.	11	8	Id.	Id.	458	55
6	Sabean's Elephant.	Id.	10	8	Long blanc.	Id.	454	58
7	Rural Blush.	Id.	16	9	Rond rose.	Id.	437	48
8	Clay rose.	Id.	10	8	Id.	Moyenne.	432	58
9	Rose nᵒ 9.	Id.	8	8	Id.	Id.	406	34
10	Holborn Abundance.	Très tardive.	16	10	Rond blanc.	Id.	406	7
11	State of Maine.	Tardive.	15	9	Id.	Bonne.	404	48
12	Swis Snowflake.	Id.	7	9	Id.	Id.	399	31

Extra-Early, Polaris, Early-Puritan, Early Prize Wite, Quick Crop, Northern Beaùty.

VARIÉTÉS EXTRA-PRÉCOCES. — M. Macoun cite, parmi les variétés extra-précoces, les suivantes : *Snowball, Eureka Extra Early, Burpee's Extra Early, Rochester Rose, Bliss' Triumph, Early Ohio, Early Andes, Early Six Weeks* (six semaines), *Early l awn, Early Market.* La plupart de ces variétés, sauf la *Burpee's Extra Early* et la *Rochester Rose* sont peu productives.

VARIÉTÉS RÉSISTANTES A LA MALADIE. — Des observations faites depuis plusieurs années sur les diverses variétés en expérience, au moment du développement de la maladie de la pomme de terre (Phytophtora infestans), ont permis de dresser le tableau (c) ci-dessus sur lequel sont désignées les 12 variétés les plus résistantes. Parmi ces variétés, la *Dr Maerker* et la *Holbarn Abundance,* se sont constamment montrées complètement indemnes. On peut citer, à la suite du tableau ci-dessus les variétés suivantes qui ont été relativement très indemnes mais qui ont été mises de côté soit à cause de leur qualité inférieure, soit à cause de leur rendement moins élevé : *Dakota Red, Green Mountain, American Wonder, Enormous, Sir Walter Raleigh, Uncle Sam, Vermont Gold Coin.*

CHANGEMENT DE SEMENCE. — Le changement de semence peut, suivant les circonstances, produire une influence favorable ou défavorable sur les variétés. Les observations faites à ce sujet ont été généralement très contradictoires.

CULTURE

LA PLANTE DE LA POMME DE TERRE. — Les tiges souterraines ou rhizomes qui portent les tubercules n'ayant point de racines, leur développ-
pement est sous la dépendance des racines et
des feuilles de la plante qui leur procurent la
nourriture; il importe donc, pour avoir une
bonne récolte de tubercules, d'avoir des racines
et des feuilles bien développées. En général,·
plus les tiges et les feuilles ont poussé, meilleure
est la récolte, pourvu que la saison soit suffisam-
ment longue pour que les tubercules se développent bien ; toutefois, après une forte application d'engrais azoté, la récolte n'est pas toujours
en proportion de la vigueur de la végétation.

CLIMAT ET SOL. — Un climat humide, un peu
nuageux et tempéré est celui qui convient le
mieux à la pomme de terre ; toutefois, pourvu
qu'il y ait assez d'humidité dans le sol et que la
saison de végétation soit assez longue, cette con-
dition n'est pas essentielle.

Le sol le plus favorable pour le rendement et
la qualité est sableux, chaud, riche, profond,
friable, bien drainé et bien approvisionné en
matière végétale décomposée ou en décomposi-
tion. Un terrain neuf ou un gazon retourné four-
nissant de l'humus et de la fraîcheur convien-
nent très bien. Un bon approvisionnement d'eau
est nécessaire en effet pour les gros rendements ;
toutefois la pomme de terre redoute les sols
froids et gorgés d'eau ainsi que les sols argileux,
tant au point de vue du rendement qu'à celui de
la qualité.

ENGRAIS. — Une récolte de 200 boisseaux de
pommes de terre, non compris les fanes qu'on
laisse sur le terrain, enlève dans le sol 40 livres

d'azote, 20 livres d'acide phosphorique et 70 livres de potasse, soit un peu moins d'azote et d'a-
cide phosphorique et presque deux fois plus de
potasse qu'une récolte de 25 boisseaux de blé
(grain et paille). Il faut, d'après M. Macoun,
pour obtenir les meilleurs résultats, appliquer
une petite quantité de fumier (10 tonnes) faire
succéder les pommes de terre à un gazon rompu
ou à une culture de trèfle ; les débris de cette
dernière fournissent au sol par acre, autant d'a-
zote puisé en grande partie dans l'air, que 10
tonnes de fumier et, en outre, de l'acide phosphorique et de la potasse puisés dans les profondeurs du sous sol.

L'effet des engrais chimiques est très variable
avec la nature du sol, son humidité et la forme
des éléments utiles ; il y a donc lieu de faire des
essais comparatifs dans chaque cas particulier.
La formule qui, dans la majorité des cas, a
donné le plus de satisfaction à M. Macoun est la
suivante, par acre : nitrate de soude, 250 livres ;
superphosphate, 350 livres ; sulfate de potasse
ou chlorure de potassium, 200 livres. On a ob-
tenu des résultats tant soit peu meilleurs en se-
mant l'engrais sur les plantons après les avoir recouverts de quelques pouces de terre.

PRÉPARATION DU TERRAIN. — Le sol doit être
soigneusement ameubli par des façons culturales appropriées. La récolte donne ainsi plus de
satisfaction, soit au point de vue de la quantité,
soit au point de vue de la beauté des tubercules.
Cette préparation peut se faire au printemps
dans les sols légers, et en automne dans les sols
compacts. L'ameublissement est favorisé par
l'enfouissement du fumier ou du trèfle cité plus
haut ; toutefois, le fumier placé dans les sillons
avec les tubercules rend ceux-ci galeux.

EPOQUE DU PLANTAGE. — Si les gelées printa-
nières qui détruisent les fanes sorties ne sont
pas à redouter, et si l'on n'a pas à redouter la

pourriture des tubercules qui se produit lorsque ceux-ci restent longtemps, avant de germer, dans un sol froid et humide, il y a intérêt, d'une façon générale, à planter le plus tôt possible : on obtient ainsi, presque toujours, plus de rendement et, d'autre part, on bénéficie de la plus-value qu'acquièrent les pommes de terre hâtives.

CHOIX DES PLANTONS. — Les tubercules de semence doivent avoir été conservés à l'abri de la germination ; plus les plantons sont gros, plus les pieds sont, en général, productifs ; le planton le plus économique à employer est celui qui provient de tubercules gros et moyens et qui possède environ trois yeux et beaucoup de chair ; les plantons à un seul œil ou même à deux yeux ou les plantons qui ont peu de chair laissent beaucoup de vides dans les champs ; toutefois, les plantons à peu d'yeux produisent des pommes de terre plus régulièrement grosses pour la vente. La récolte provenant du bout de la couronne d'une pomme de terre est plus hâtive que celle provenant du bout du talon, mais donne généralement une plus forte proportion de pommes de terre invendables.

Les tubercules mis en terre le plus tôt possible après avoir été tronçonnés donnent beaucoup plus que ceux tronçonnés à l'avance ; ce résultat est dû, sans doute, à ce que, dans le premier cas, l'évaporation de l'humidité des tronçons est moins grande que dans le second ; d'après les expériences réalisées à Guelph, on a intérêt à saupoudrer les plantons avec du plâtre, pour diminuer cette évaporation, surtout si on tronçonne quelques jours à l'avance. Il existe, dans le commerce, des machines à tronçonner mais qui exécutent un moins bon travail que la main.

PROFONDEUR. — Les tubercules plantés peu profondément donnent souvent les meilleurs résultats ; néanmoins il faut planter plus profondément dans les sols qui se déssèchent facilement. D'ailleurs, au point de vue économique, il y a intérêt à planter plus profondément, à 4 ou 5 pouces, par exemple, à cause des hersages nécessaires avant ou pendant la levée pour la destruction des mauvaises herbes et qui arracheraient les plantons s'ils étaient trop près de la surface. Dans des expériences poursuivies pendant 7 ans dans un sol sableux léger à la *Ferme expérimentale centrale d'Ottowa*, on a planté, côte à côte, deux mêmes variétés à des profondeurs variables de 1, 2, 3, 4, 5, 6, 7 et 8 pouces. Le rendement moyen par acre, pour six années notées, a varié de 466 boisseaux pour les plantons placés à 1 pouce à 284 boisseaux pour ceux placés à 8 pouces et la progression a été presque complètement régulière.

L'explication de cette supériorité des plantages peu profonds est donnée de la manière suivante, par M. Macoun : 1o Au printemps, les parties du sol les plus rapprochées de la surface sont plus chaudes que les parties placées au-dessous ; il en résulte une germination plus hâtive. 2o Avec les plantons placés près de la surface les nœuds des pousses sont plus rapprochés les uns des autres qu'à une plus grande profondeur, et comme les rhizomes qui produisent les tubercules naissent aux nœuds, plus il y a de nœuds, plus il y aura vraisemblablement de tubercules. 3o A l'état sauvage la pomme de terre produit ses tubercules près de la surface.

Avec les plantages peu profonds on a bien quelques tubercules verts de plus, mais, abstraction faite de ces tubercules verts, le rendement reste encore supérieur ; d'ailleurs, les façons culturales recouvrent toujours d'un peu plus de terre, (environ 1 pouce 1/2) les tubercules. Il est possible que, dans des sols compacts ou peu humides, au moment du plantage, les résultats donnés par une faible profondeur auraient été moins bons.

Le plantage peu profond en sol chaud est de nature à augmenter sérieusement la précocité.

ESPACEMENT. — L'espacement le plus favorable varie avec la vigueur de la variété. Des expériences poursuivies pendant 8 ans à la *Ferme expérimentale centrale d'Ottawa* ont permis de déterminer que l'espacement le plus favorable pour la plupart des variétés varie de 12 à 14 pouces sur le rang, avec un intervalle de 30 pouces entre les rangs, soit un espace suffisant pour le passage de la houe.

PLANTAGE. — Les cultivateurs canadiens emploient généralement le procédé suivant qui est le moins bon : ils tracent un sillon, y laissent tomber les plantons à la main et comblent le sillon à la charrue. Les bons producteurs emploient un instrument formé de deux disques concaves pour ouvrir ou fermer les sillons.

Mais la méthode la plus satisfaisante consiste à utiliser la *planteuse de pommes de terre* dont il existe parait-il, plusieurs bons modèles dans le commerce. L'*Aspinwall*, dit M. Macoun, fabriquée par l'*Aspinwall Manufacturing Company*, de Jakson (Michigan), trace les sillons, laisse tomber les plantons, les recouvre et, si on le désire, applique en même temps les engrais industriels. Il faudrait, pour faire le même travail par les procédés ordinaires, deux chevaux et un homme pour tracer les sillons, 3 hommes ou garçons pour planter, et un homme pour répandre l'engrais, enfin, deux chevaux et un homme pour recouvrir les plantons. De plus, avec la planteuse, les résultats sont meilleurs en temps sec, car les plantons recouverts aussitôt distribués n'ont pas le temps de sécher et lèvent mieux.

Quel que soit le mode de plantage, il y a intérêt en temps sec, lorsque l'on redoute le dessé-

chement des plantons, à rouler le terrain, puis
à l'ameublir de nouveau à la herse dès que vient
la pluie.

Quelques jours avant la levée, mais pas
avant que les mauvaises herbes aient levé, un
coup de herse ou, mieux, deux coups de herse
permettent de détruire très économiquement
des myriades de mauvaises herbes et d'aplanir
le sol.

HERSAGES ET BINAGES. — Le succès de la récolte des pommes de terre dépend, en grande
partie, de la manière dont on donne les binages;
ceux-ci ont pour but d'empêcher le durcisse-
ment du sol, de détruire les mauvaises herbes et
de conserver le plus possible l'humidité du sol.

Dès que les pommes de terre ont levé et que
les lignes sont visibles, on travaille le sol à la
houe à cheval en ayant soin de l'ameublir aussi
profondément que possible entre les rangs et
aussi près que possible des plantes, sans leur
nuire, de façon à favoriser la pénétration des
racines. Les binages postérieurs que l'on renou-
velle tous les 8 ou 10 jours, jusqu'à ce que les
fanes recouvrent le sol, doivent être peu profonds, afin de ne pas nuire aux racines ni aux
tubercules et ont pour but de maintenir le sol
superficiel meuble et de s'opposer à l'évaporation ; la récolte augmente généralement avec
le nombre des binages. Les plantes ne doivent
jamais souffrir de la sécheresse et leur végétation
ne doit pas s'arrêter au milieu de l'été ce qui est
préjudiciable à la formation des tubercules. Des
binages bien faits permettent d'obtenir ce résultat.

CULTURE A PLAT ET EN BILLONS. — La culture
en billons est, en principe, préférable dans les
climats et dans les sols humides : le terrain est
ainsi plus réchauffé et les tubercules se forment
mieux dans un terrain plus meuble ; l'arrachage
est plus facile. Par contre, dans les pays expo-

sés à la sécheresse, où la conservation de l'humidité est un facteur très important, les résultats devraient être meilleurs avec des labours préparatoires profonds et la culture à plat qui favorise moins l'évaporation. Des expériences comparatives entre les deux procédés de culture faites pendant 4 ans à la *Ferme expérimentale centrale d'Ottawa*, dans le meilleur terrain à pommes de terre (sol sableux friable, ne se desséchant pas), ont donné un gain moyen de 21 boisseaux 48 livres pour la culture en billons. M. Macoun recommande à chaque cultivateur d'essayer dans sa ferme, quelle est, des deux cultures à plat et en billons, la plus avantageuse.

PAILLAGE DES POMMES DE TERRE. — Les avantages du paillage sont controversés et varient avec les conditions du sol et du climat. Il ne paraît pas y avoir intérêt à pailler de trop bonne heure en sol frais ce qui peut être défavorable au développement des tubercules. Un paillage assez abondant pour dispenser de tout binage, pour empêcher le développement des mauvaises herbes et pour conserver l'humidité du sol est trop coûteux. Les résultats les plus avantageux et les plus économiques sont obtenus par un paillage léger entre les rangs après le dernier binage possible ; ce paillage contribue dans une large mesure à la conservation de l'humidité.

FORÇAGE DES POMMES DE TERRE POUR LE MARCHÉ. — Lorsqu'il y a demande de pommes de terre de primeur, il y a intérêt à savoir comment on hâte le développement des tubercules, car les premières arrivées produisent davantage. La méthode ordinairement employée consiste à employer des variétés extra-hâtives et à germer les plantons avant le plantage : On choisit des tubercules de moyenne grosseur que l'on dispose côte à côte, la couronne en haut dans des caisses

peu profondes ; on met ces caisses dans un en-
droit éclairé, ventilé, frais dont la température
soit assez basse pour empêcher la germination.
Au bout de quelques jours, les tubercules deviennent verts et leur peau devient coriace ; on
leur donne alors un peu de chaleur et on les
maintient toujours en milieu éclairé et ventilé.
Au bout de la couronne se développent deux ou
trois fortes pousses sur lesquelles se concentre
toute la vigueur du tubercule, les autres pousses
ne germant pas. Avec beaucoup de lumière et un
milieu frais les pousses deviennent très robus-
tes, fortement attachées au tubercule et peu
fragiles. Sur de telles pousses qui doivent avoir
environ deux pouces au moment du plantage
les tubercules se développent plus rapidement
que sur des pousses germées dans l'obscurité
qui sont d'ailleurs difficiles à manier et se déta-
chent facilement. Il n'est pas absolument indis-
pensable de placer les pommes de terre, la couronne en haut ; on obtient encore des résultats
très satisfaisants en les vidant comme elles
viennent dans des caisses peu profondes ou pla-
teaux.

Ces tubercules germés sont plantés entiers —
ils pourrissent ainsi moins facilement et leurs
pousses sont mieux approvisionnées d'eau — les
pousses en haut, à une faible profondeur, dans
le sol le plus chaud et le mieux drainé que l'on
possède, que l'on dispose en billons si possible,
dès que les fortes gelées ne sont plus à craindre.
La plupart des variétés hâtives ayant moins de
végétation, on peut planter plus serré que pour
la culture ordinaire. On arrive ainsi à planter
jusqu'à 40 boisseaux par acre. S'il y a danger de
gelées on trace un léger sillon en retournant un
peu de terre sur les plantes qui sont ainsi généralement assez bien protégées. Le danger passé,
on aplanit à la herse ou de toute autre manière.

INFLUENCE D'UNE BONNE VÉGÉTATION RÉGU-
LIÈRE ET PROLONGÉE SUR LE RENDEMENT ET LA
QUALITÉ. — Il y a intérêt à maintenir par de
bonnes façons culturales et de bons traitements
anti-cryptogamiques ou anti-insecticides, les
pousses vertes, d'une façon ininterrompue, jusqu'à la fin de la saison ; lorsque les plantes
meurent prématurément, pour une raison ou
pour une autre, non seulement le rendement
est diminué, mais encore beaucoup de tubercules sont insuffisamment mûrs. Par des arra-
chages de pommes de terre à différentes dates,
le Professeur I. R. Jones, de la *Station expérimentale d'Agriculture du Vermont*, a démontré
que, pendant le seul mois de septembre, il s'était
développé 119 boisseaux par acre de tubercules
vendables. A cette même époque, beaucoup de
champs, faute de soins, étaient secs et bruns.

INSECTES NUISIBLES ET MALADIES CRYPTOGAMI-
QUES. — Ces parasites inconnus dans certaines
parties du Canada sont très nuisibles dans les
provinces de l'Ontario et de Québec. Il existe,
pour se prémunir, des remèdes préventifs éprou-
vés qui sont passés en revue par M. Macoun.
Résumons ces moyens de lutte en passant sous
silence la description des parasites qui nous
obligerait à trop de développements.

Doryphore de la pomme de terre. — (*Mouche à
patate, Colorado, Potato Beetle, Doryphora dé-
cemlinéata, Say*). On arrive à avoir raison de ce
terrible insecte en pulvérisant sur les plantes en
végétation, dès qu'on aperçoit les larves, un liquide composé de 4 à 8 onces de *Vert de Paris*
ou *Vert de Scheele* (*arsénite de cuivre*), et de 4 onces de *chaux*, dans 40 gallons d'eau. On peut
aussi appliquer le vert de Paris en poudrage, sur
le feuillage humide en le mélangeant intimement
à 50 fois son poids de chaux éteinte, ou de plâtre. ou de toute autre poudre sèche. L'*Arséniate
de plomb* donne aussi de bons résultats, mais est

moins économique que le *Vert de Paris*. Plusieurs applications de ces insecticides sont quelquefois nécessaires pour avoir raison de toutes les larves qui ne se développent pas en même temps.

Altise du concombre (*Cucumber Hea beetle, Epitrix cucumeris,* Harr.). — Cet insecte cause des dégàts, non seulement directement, mais encore en favorisant par ses blessures sur les feuilles le développement de la *Brûlure hâtive* et de la « *Maladie de la pomme de terre* ». On le combat par des pulvérisations de *bouillie bordelaise* qui ont donné de bien meilleurs résultats que les pulvérisations de *vert de Paris* seul.

Brûlure hâtive, Rouille hâtive ou *Tavelure des feuilles* (*Early Blight, Alternaria solani* E. et M. Jones et Grant, *Macrosporium solani,* E. et M.). — On prévient cette maladie en couvrant les plantes de *bouillie bordelaise,* depuis le milieu de juillet, jusqu'à la fin de la saison. Il est bon de brûler les tiges après l'arrachage.

Brûlure ou Rouille tardive, Maladie de la pomme de terre (*Late Blight, Phytophtora infestans,* D. By.). Cette maladie, que l'on confond quelquefois avec la précédente, est plus grave parce qu'elle se répand avec plus de rapidité et qu'elle attaque non seulement les tiges mais aussi les tubercules. Les variétés de végétation moyenne ou tardive sont les plus attaquées. On la combat, on le sait, avec la *bouillie bordelaise.* M. le professeur L. R. Jones indique, dans son rapport de 1903, que le rendement moyen par acre des pommes de terre traitées, pendant 13 années, a été de 286 boisseaux et le rendement moyen des pommes de terre non traitées a été, pendant la même durée, de 171 boisseaux, soit une différence, en faveur des premières, de 115 boisseaux. Ces résultats sont appréciables, surtout si l'on observe que les traitements sont peu coûteux, en particulier lorsqu'on emploie un outillage perfectionné pour l'épandage de la bouillie.

Aucun liquide anticryptogamique essayé comparativement avec la *bouillie bordelaise* n'a donné de résultats aussi avantageux. Une seule pulvérisation faite juste au moment où la maladie commence à se propager a suffi quelquefois pour l'enrayer ; mais, dans l'impossibilité où l'on se trouve actuellement de déterminer sûrement le moment opportun, il est utile de faire, entre le milieu de juillet et le mois de septembre, 3 ou 4 applications. On peut d'ailleurs appliquer quelquefois le premier traitement en même temps que le *Vert de Paris*. On économise ainsi la main-d'œuvre pour l'une de ces pulvérisations.

Gale de la pomme de terre (Patato Scub, Oospora Scabies. Thaxter). — On la prévient en plongeant les tubercules de semence, pendant deux heures, dans un bain de formaline ou formol (formaldéhyde), à raison de 8 onces dans 15 gallons d'eau, ou, pendant 1 h. 1/2, dans une solution de sublimé corrosif à raison de 1 once dans 7 gallons d'eau. Ces moyens assainissent les tubercules, mais ne mettent pas la récolte à l'abri des spores du champignon qui peuvent se trouver dans le sol depuis une précédente culture. La chaux et les cendres favorisent le développement de la gale ; les sols acides ou ayant porté du trèfle, le chlorure de potassium, le sulfate de potasse, le nitrate de soude, le plâtre et le sel lui sont défavorables.

Application des pulvérisations. — Les expériences faites à la *Ferme expérimentale centrale d'Ottawa* ont prouvé que l'augmentation de produit obtenue par des pulvérisations cupriques dans un seul acre de pommes de terre, représentait plus que le prix d'un pulvérisateur à traction. Aussi tous les bons cultivateurs possèdent cet instrument qu'ils utilisent, d'autre part, pour appliquer des liquides sur les arbres fruitiers, pour blanchir les granges, hangars ou clôtures, pour désinfecter les étables, pour nettoyer les voitures et laver les fenêtres.

Le liquide pulvérisé doit être répandu sous forme de fin nuage ; il en résulte une adhérence et une distribution meilleures et une économie de substance ; il faut donc de bons jets, traitant aussi bien le dessous que le dessus des feuilles. Les pulvérisateurs utilisés au Canada traitent de 4 à 6 rangs.

Formules recommandées. — Bouillie bordelaise. — Contre les maladies et les altises

Sulfate de cuivre	6 lb.
Chaux vive	4 —
Eau (1 tonneau)	40 gallons.

Bouillie empoisonnée. — Contre les maladies, les altises et le doryphore.

Ajouter 8 onces de *Vert de Paris* à la formule ci-dessus.

Vert de Paris. — Contre la Doryphore :

Vert de Paris	8 onces.
Chaux vive	4 —
Eau	40 gallons.

On doit s'efforcer de n'employer que des produits de première qualité, de préparer les mélanges avec soin, et de les appliquer au moment opportun, sous peine de n'obtenir que peu ou point d'effet et de gaspiller son temps et son argent.

RÉCOLTE

On arrache les pommes de terre aussitôt que les fanes ont séché et avant les fortes gelées si le temps est favorable. Si les fanes ont séché sous l'action de la maladie il vaut mieux retarder la récolte, de façon à ne pas transporter dans la cave les tubercules contaminés qui peuvent communiquer la pourriture aux sains. Il faut arracher les pommes de terre dans un sol humide plus tôt que dans un sol sec et bien drainé pour éviter le développement de la *pourriture humide* différente de la pourriture causée par la maladie. La récolte gagne à être faite par un temps sec; les tubercules rentrés humides sont, en effet, plus exposés que les autres à la pourriture. On a, aujourd'hui, de bonnes arracheuses de pommes de terre qui font de trois à cinq acres par jour et se répandent rapidement en raison de la rareté et de la cherté de la main-d'œuvre, quoique le travail soit moins parfait qu'à la main.

CONSERVATION. — Les pommes de terre doivent être conservées sèches dans une cave fraîche, bien ventilée et parfaitement obscure ; on perd chaque année de grandes quantités de tubercules entassés en gros monceaux dans des caves chaudes et mal ventilées ; il faut s'efforcer d'obtenir, par des planchers à claire-voie et des cheminées d'appel ou des lattes disposées le long des murs, la circulation de l'air. La température la plus convenable varie entre 33 et 35° F.

VENTE. — Sauf exceptions, le cultivateur a intérêt à vendre le plus tôt possible après la récolte. On trie et on ensache les pommes de terre au moment de la vente et il existe de bonnes machines (*trieuses*) pour trier et détacher les germes, ce qui diminue considérablement le travail.

L'auteur termine par les détails du coût de la culture et de la vente d'un acre de pommes de terre. Mais la connaissance de ces chiffres n'aurait d'intérêt que si nous nous trouvions en France dans les mêmes conditions de main-d'œuvre, et nous croyons devoir arrêter là le résumé de cette intéressante publication.

40507. Rodez, imprimerie E. Carrère

www.ingramcontent.com/pod-product-compliance
Lightning Source LLC
Chambersburg PA
CBHW060518200326
41520CB00017B/5094